FORSCHUNGSBERICHTE DES LANDES NORDRHEIN-WESTFALEN

Nr. 2253

Herausgegeben im Auftrage des Ministerpräsidenten Heinz Kühn
vom Minister für Wissenschaft und Forschung Johannes Rau

Dr. -Ing. Georg Linke
Prof. Dr. rer. nat. Hans Grönig

Institut für Allgemeine Mechanik
an der Rhein. -Westf. Techn. Hochschule Aachen
Institutsdirektor: Prof. Dr. sc. techn. Fritz Schultz-Grunow

Bestimmung des Photoionisationsquerschnitts von Cäsium mit einer Photoionisationskammer

Westdeutscher Verlag Opladen 1973

ISBN-13: 978-3-531-02253-6   e-ISBN-13: 978-3-322-88101-4
DOI: 10.1007/978-3-322-88101-4

Inhalt

<u>Einleitung</u>

Im Institut für Allgemeine Mechanik der RWTH Aachen ist eine
Photoionisationskammer mit Cäsium-Dampf als Arbeitsmedium
aufgebaut worden. Durch die Bewilligung dieses Forschungsvorhabens war es in erster Linie möglich, die Kammer mit
optisch hochwertigen Fenstern auszustatten, eine Voraussetzung
für die Durchführung des gesteckten Forschungsziels.

Im Rezipienten der Anlage wird durch Erhitzen einer Cäsium-
probe Cäsiumdampf von einigen Torr Druck bei Temperaturen
um 350°C gebildet. Durch Bestrahlung mit weichem UV-Licht
entsteht ein schwach ionisiertes Plasma, bei dem die mittlere
freie Weglänge wesentlich kleiner als die Debye'sche Abschirmlänge h_D ist. Sich ausbildende Raumladungsgrenzschichten sind
also stoßbestimmt. Die Abschirmlänge h_D wird noch von einer
charakteristischen Rezipientenabmessung L (Abstand der sich
im Plasma befindlichen Elektroden) übertroffen, wodurch sich
die erwähnten Grenzschichten tatsächlich ausbilden. Das Plasma
in der Kammer wird daher von folgender Ungleichung charakteri-
siert:

$$\lambda \ll h_D < L \tag{1}$$

Derartige Plasmen treten auf, wenn durch endotherme Reaktionen geringe Ionisationen hervorgerufen werden, wie z. B. in
der heutigen Aerodynamik, der Flammenforschung oder beim
Seeden mit Cäsium zur Erhöhung der Leitfähigkeit des Arbeits-
mediums in zukünftigen MHD-Generatoren. Für die in diesem
Forschungsvorhaben benutzte zylindrische Fotoionisationskammer
ist von Grönig [1] und Linke [2] eine Theorie entwickelt worden, die unter Vorgabe der Ladungsträgerproduktionsrate N_p,
der Ionen- und Elektronentemperaturen T_i und T_e und -beweg-
lichkeiten μ_i und μ_e die Ladungsträgerdichten N_i und N_e und
die elektrische Feldstärke E als Ortsfunktion liefert, sowie
eine globale Strom-Spannungscharakteristik der Kammer angibt.

Das Verfahren, um an die Kenngrößen des in der Kammer statt-
findenden Fotoionisationsprozeßes zu gelangen, ist indirekt.
Es wird eine gemessene Strom-Spannungscharakteristik solange
mit verschiedenen gerechneten verglichen, bis Übereinstimmung
erzielt ist. Die in der Kammer herrschenden Plasmadaten sind
dann die gleichen wie die, die zur Berechnung der Charakteristik
herangezogenen.

Unabhängig davon ist in einer direkten Absorptionsmessung
am Cäsiumdampf eine Bestimmung seines Strahlungswirkungsquer-
schnittes versucht worden, um präzisere Werte gegenüber den
alten Messungen von Mohler und Boeckner [3] und Ditchburn [4]
zu erhalten.

Aufbau der Fotoionisationskammer

a) Prinzip und theoretische Grundlagen

Den grundsätzlichen Aufbau der Kammer zeigt Abb. 1. Über ein
Kollimatorsystem wird ein achsenparalleler monochromatischer
Lichtstrahl in die Fotoionisationskammer geleitet. Das einge-
strahlte Licht hat die für Cs-Dampf geeignete Wellenlänge von
3130 Å, wodurch zur Fotoionisation führende Lichtabsorption
auftritt. Es handelt sich um gefiltertes Licht einer HBO-100
W2 Hg-Höchstdrucklampe.

Der Photonenfluß von der Wellenlänge λ sei F_λ (Anzahl der
Photonen pro Flächen- und Zeiteinheit); seine Größe bei Ein-
tritt in die Kammer $F_{\lambda o}$. Ist μ der Absorptionskoeffizient,
dann beträgt der Photonenfluß an der Stelle z für die ein-
fallende Strahlung

$$F_\lambda^+ = F_{\lambda o} \cdot e^{-\mu z} \tag{2}$$

Ein am Ende der Kammer angebrachter Planspiegel reflektiert
den dort ankommenden Photonenfluß mit dem Spiegelwirkungsgrad η.
Die Stärke des reflektierten Photonenflusses an der Stelle z
beträgt somit

$$F_\lambda^- = \eta \cdot F_{\lambda o} \, e^{-\mu l} \cdot e^{-\mu (1-z)} , \tag{3}$$

und der mittlere Photonenfluß $F_\lambda = F_\lambda^+ + F_\lambda^-$ läßt sich bei optisch
dünnem Medium ($\mu \cdot l \ll 1$) schreiben

$$F_\lambda = F_{\lambda o} (1 + \eta - 2\eta\mu l - (1 - \eta)\mu z). \tag{4}$$

Nur bei guter Reflexion ($\eta \simeq 1$) fällt der letzte Term in Gl. 4
weg, und man erhält den von z unabhängigen Photonenfluß

$$F_\lambda = F_{\lambda o} (1 + \eta - 2\eta\mu l) = 2F_{\lambda o} (1 - \mu l). \tag{5}$$

Die Anzahl der Fotoionisationen pro Volumen und Zeiteinheit
N_p ergibt sich zu

$$N_p = \sigma \, N_n F_\lambda = \nu N_n \tag{6}$$

wobei σ der Fotoionisationsquerschnitt, N_n die Cs-Teilchen-
dichte und ν als Ionisationsfrequenz aus Gl. (6) definiert
ist.

Die Fotoionisationsprodukte (einfach geladene Ionen und Elektronen) wandern zu den als Elektroden wirkenden koaxialen Zy-
lindern und rekombinieren dort. Über den angeschlossenen Stromkreis läßt sich die globale Strom-Spannungscharakteristik der
Kammer ermitteln. In der Kammer entsteht die in Abb. 2 schematisch gezeigte Ladungsträgerteilchendichte.

Die Gültigkeit der Ungleichung (1) beinhaltet u. a., daß
zur Beschreibung des vorliegenden Problemkreises Kontinuums-
Grundgleichungen herangezogen werden können. Im vorliegenden
Fall des ruhenden Plasmas sind die Kontinuitätsgleichungen
der Ladungsträger ohne Rekombination

$$\mathrm{div}\ \vec{G}_i = N_p \tag{7}$$

$$\mathrm{div}\ \vec{G}_e = N_p \tag{8}$$

die Transportgleichungen der Ladungsträger

$$\vec{G}_i = -D_i\ \mathrm{grad}\ N_i + \mu_i N_i \vec{E}_o \tag{9}$$

$$\vec{G}_e = -D_e\ \mathrm{grad}\ N_e - \mu_e N_e \vec{E}_o \tag{10}$$

sowie die Poisson-Gleichung

$$\mathrm{div}\ \vec{E}_o = \frac{e}{\epsilon_o}\ (N_i - N_e) \tag{11}$$

maßgebend.

In obigen Gleichungen bedeuten $\vec{G}_{i/e}$ die Teilchenstromdichten,
$D_{i/e}$ die Diffusionskoeffizienten, $N_{i/e}$ die Teilchendichten
der Ionen bzw. Elektronen. $\vec{E}_o$ ist die örtliche elektrische
Feldstärke, e die Elementarladung und ϵ_o die Dielektrizitäts-
konstante des Vakuums.

Beweglichkeit und Diffusionskoeffizient sind mit der Boltz-
mannkonstanten k über die Einsteinbeziehung

$$\frac{D_{i/e}}{\mu_{i/e}} = \frac{k \cdot T_{i/e}}{e} \tag{12}$$

miteinander verknüpft.

Die Ladungsträger rekombinieren an den Elektroden, was im
Kontinuumsfall auf verschwindende Teilchendichten an den
Elektroden führt [5, 6]. Man erhält somit als Randbedingungen,
wenn r_1 und r_2 als Ortskoordinaten für die innere und äußere
Elektrode gelten:

$$N_i = 0 \text{ und } N_e = 0 \text{ bei } r = r_1 \text{ und } r = r_2. \tag{13}$$

Als weitere Randbedingung tritt noch die zwischen den Elektroden angelegte Potentialdifferenz Φ hinzu:

$$\int_{r_1}^{r_2} \vec{E}_o \cdot \vec{dr} = \Phi \tag{14}$$

Die Fotoionisationskammertheorie |1, 2| nimmt noch folgende
vereinfachende Annahmen an:

1. Die Ionentemperatur T_i stimme mit der Neutralteilchen-
temperatur überein.

2. Elektronen- bzw. Ionentemperatur T_e bzw. T_i können unter-
schiedlich sein, müssen aber im gesamten aktiven Raum konstant sein.

3. Die Beweglichkeiten μ_i und μ_e seien unabhängig von E_o
und sind daher ebenfalls konstant.

Aus den letzten beiden Annahmen und Gl. (12) folgt, daß die
Diffusionskoeffizienten D_i und D_e konstant sind.

4. Die Einstrahlstärke sei gemäß Gl. (5) unabhängig von z,
wodurch die Ladungsträgerproduktionsrate N_p konstant wird.

Das Gleichungssystem (7) bis (11) läßt sich mit den erwähnten
Randbedingungen und Annahmen asymptotisch entwickeln und mit
den Methoden der singulären Störungstheorie lösen. Die beiden
Raumladungsgrenzschichten und der quasineutrale Zwischenraum
werden voneinander unabhängig behandelt und durch "matching"
miteinander verknüpft. Das Problem ist in' erster und höherer
Ordnung gelöst worden, und zwar bis zu einem Grade, daß die
vernachlässigten Restglieder in den asymptotischen Entwick-
lungen praktisch bedeutungslos geworden sind.

Die Lösungskurven bzw. Charakteristiken sind mit Hilfe der
elektronischen Datenverarbeitungsanlage CD 6400 des Rechen-
zentrums der RWTH-Aachen erhalten worden.

b) Cäsiumkonstanten aus der Fachliteratur

Um zunächst für die Rechnungen sinnvolle Annahmen über die
Absorptions- und Transportkoeffizienten des Cäsiums machen
zu können, ist die erreichbare Fachliteratur herangezogen
worden.

Aus den einzig bisher erhältlichen Absorptionsmessungen von
Cs-Dampf [3, 4] ergibt sich bei der verwendeten Strahlungs-
wellenlänge von 3130 Å übereinstimmend ein Strahlungswirkungsquerschnitt von $\sigma = 2{,}0 \cdot 10^{-19}$ cm^2. Es muß jedoch be-
tont werden, daß für andere Wellenlängen die Angaben beider
Autoren über σ z. T. stark voneinander abweichen.

Berücksichtigt man, daß in [3] und [4] durch Verwendung einer
alten Dampfdruckkurve [7], die von modernen [8] abweicht
(Abb. 3), der obige Wert für σ um ca. 30 % gesenkt werden
muß, so ergibt das einen Wert von

$$\sigma_{3130\ \text{Å}} = 1{,}4 \cdot 10^{-19}\ \text{cm}^2 \tag{15}$$

für den Strahlungswirkungsquerschnitt.

Bei einer Absorptionslänge $l = 15$ cm und 3 Torr Cs-Sätti-
gungsdruck ergibt sich ein $\mu \cdot l \approx 0{,}1$, d. h. das Arbeitsmedium in der Fotoionisationskammer kann als optisch dünn an-
gesehen werden, wie es auch die Anwendung der Gl. (4) bzw.
(5) voraussetzen.

Die Angaben über die Cs^+-Ionenbeweglichkeiten schwanken in
der Literatur. Nach Durchsicht der Originalarbeiten sind die
Ergebnisse von Lee und Mahan [9] ausgewählt worden. Diese
Autoren haben die Beweglichkeit in einem mit dieser Arbeit
vergleichbaren Druck- und Temperaturbereich aus der Driftge-
schwindigkeit von Cs^+ - Ionen in Cs-Dampf errechnet und erhalten bei Extrapolation in den Bereich verschwindender Feldstärke eine normierte Beweglichkeit von

$$\mu_{oi} = 0{,}12 \; \frac{cm^2}{Vs} \tag{16}$$

bezogen auf 760 Torr und 273 ^{o}K.

Die Beweglichkeit der Elektronen wurde aus Messungen der
Elektronendriftgeschwindigkeit in Cs-Dampf von Chanin und
Steen [10] und Postma [11] zu

$$\mu_{oe} = 20 - 60 \; \frac{cm^2}{Vs} \; \text{bezogen auf 760 Torr und 273 } ^{o}\text{K} \tag{17}$$

bei verschwindender Feldstärke bestimmt.

Aus diesen Beweglichkeiten errechnen sich die entsprechenden
Diffusionskoeffizienten

$$D_{\beta} = \mu_{o\beta} \cdot \frac{k}{e} \cdot \frac{760 \text{ Torr}}{p} \cdot \frac{T_{\beta}^2}{273 \; ^{o}\text{K}} \quad \text{mit } \beta = i, \; e \quad \text{und} \tag{18}$$

p dem aktuellen Druck.

In der Fotoionisationskammer herrschen elektrische Feldstär-
ken zwischen 0 und 20 V/cm. In diesem Bereich ist μ_{oi} und damit auch D_i konstant [9], während sich μ_{oe} und damit D_e um
den Faktor 2 verändert [10, 11]. Das verletzt zwar die 3.
Annahme, aber bei einem Verhältnis D_e/D_i von ungefähr 10^3 ist
das ohne Bedeutung, wie numerische Durchrechnungen zeigten
und wie es aufgrund der Verhältnisse bei ambipolarer Diffu-
sion auch nicht anders zu erwarten ist.

c) Experimentelle Anordnung

Die aus der Quecksilberdampf-Höchstdrucklampe stammende Strahlung wird symmetrisch aufgeteilt und in zwei identische Fotoionisationskammern eingestrahlt (Abb. 4). Werden während
eines Versuches die Kammern mit Cäsiumdampf stark unterschiedlicher Dichte gefüllt, so wird durch die wenig gefüllte Kammer
der Anteil der Fotoemission kompensiert. Das setzt aber eine

gleiche Cs-Bedeckung der Elektroden in beiden Kammern voraus.
Um die Fotoemission absolut zu senken, muß eine direkte Elek-
trodenbestrahlung vermieden werden. Die Elektroden sind deshalb bis auf einige Bogenminuten Justiertoleranz auf die Ein-
strahlrichtung ausgerichtet. Dies ist aber nur dann sinnvoll,
wenn auch der Kollimationswinkel der Einstrahlung von glei-
cher Größenordnung klein ist. Dies machte eine Behebung der
sphärischen Aberration der Sammellinsen durch Korrekturlin-
sen erforderlich und die Fotoionisationskammerfenster müssen
bis in die Randzonen hinein planparallel sein. Der verblie-
bene Kollimationswinkel von 13,5' geht auf Kosten der end-
lichen Ausdehnung der Lichtquelle und der chromatischen
Aberration.

Aufwendige technologische Entwicklungsarbeit war für die
Anfertigung geeigneter Fenster nötig. Wegen der chemischen
Beständigkeit gegenüber Cs-Dämpfen und der UV-Durchlässig-
keit kam nur synthetischer Saphir in Frage, der ausheizbar
und UHV-dicht mit einem Edelstahlflansch verbunden sein mußte.
Ein teures Angebot (12.000,-- DM/Stück) vom amerikanischen
Hersteller Varian ist nicht berücksichtigt worden, da die
Firma eine Garantie der optischen Qualität nicht übernehmen
wollte. In Zusammenarbeit mit den Firmen Leyboldt, Köln und
Schott in Mainz ist ein brauchbares Fenster hergestellt worden. Ein Saphir von 3" ∅ ist mit einem Glaslot an einem
Vacon-70-Ring befestigt worden, der in den Edelstahlflansch
eingeschweißt worden ist. Frühere Versuche mit eingeklebten
Saphiren haben sich als zu unbeständig erwiesen. Leider schäum-
te bei der Herstellung des zweiten Fensters das Glaslot immer
wieder auf, was zu Undichtigkeiten führte. Daraufhin hat
Leyboldt die Arbeit abgebrochen, und die Versuchsreihen sind
ohne Fotoemissionskompensation gefahren worden. Die Abb. 5
zeigt ein fertiges Saphirfenster.

Die Versuchsanlage ist schematisch in Abb. 6 und in Ansicht
in Abb. 7 gezeigt. Die Fotoionisationskammern sind bis 400°C
ausheizbar und haben echte Leckraten von $< 10^{-8}$ Torr l/s.
Die Flanschverbindungen sind im Conflat-System mit Kupfer-
dichtungen ausgeführt. Die Cs-Reservoire tauchen in thermo-
statisierte Ölbäder, so daß Dampfdruck und Dampftemperatur
unabhängig voneinander geregelt werden konnten. Die Temperatur-
kontrolle übernahmen NiCr-Ni Thermoelemente, die an einen
Vielkanalschreiber (Polycomb von Hartmann & Braun) angeschlossen
waren.

Elektroden und Zuleitungen sind aus Edelstahl, die Isolatoren
aus Al_2O_3-Oxidkeramik und Pyrex-Glas, das sich als bedingt
Cs-dampfbeständig erwiesen hat. Dagegen stellte das Einschmelzglas der Stromdurchführungen ein Problem dar, da die Durchführung immer nach wenigen Stunden Versuchszeit undicht wurden.
Nach Versuchen mit mehreren Elektrodenkonfigurationen hat sich
folgende Anordnung am besten bewährt: Die innere Elektrode
ist aus einem Stück und isoliert befestigt. Sie wird im Potential verändert. Die aus drei voneinander isolierten Ringen
bestehende äußere Elektrode befindet sich zusammen mit dem
Rezipienten auf Erdpotential. Nur der mittlere Ring wird zu
Meßzwecken herangezogen. Durch diese Anordnung wird erreicht,
daß die Meßelektrode einschließlich ihrer Zuleitung von auf
gleichem Potential befindlichen Teilen gewissermaßen abge-
schirmt wird. Das ist wichtig, da durch die Cs-Dampfeinwirkung

alle Teile im Rezipienten von einer Cs-Schicht überzogen werden und Isolatoren bis auf einige $k\Omega$ niederohmig werden. Da die Meßspannung einige Volt beträgt, fließen in der Kammer Störströme bis zu 1 mA, d. h. mehrere Größenordnungen über den Meßströmen.

Die Hauptabmessungen des Elektrodensystems sind

r_2 = 3 cm Radius der äußeren Elektrode

r_1 = 1 cm Radius der inneren Elektrode

l = 10 cm Länge der Meßelektrode

Damit ergibt sich ein aktives Kammervolumen $V_k = 252$ cm^3 und bei einer typischen Strahlungsstärke $F_\lambda = 3$ $\mu W/cm^2$, sowie einer Teilchendichte $N_n = 5 \cdot 10^{16}$ cm^{-3} (3 Torr Cs-Sättigung) ein maximal möglicher Meßstrom

$$I_{max} = \frac{e}{h\nu} \cdot \sigma \cdot N_n \cdot F_\lambda \cdot V_k = 1,33 \ \mu A \tag{19}$$

mit $\frac{e}{h\nu} = 0,2525$ V^{-1} bei 3130 Å Wellenlänge.

Diese Abschätzung soll nur die zu erwartende Größenordnung der Fotoionisationsströme aufzeigen, denn genaue Werte liefert die Charakteristik.

Die störende Fotoemission läßt sich ebenfalls abschätzen. Bei sorgfältiger Justierung der Kammer, die bis auf $\pm$ 1' kontrolliert werden konnte, ist es mit den angegebenen Daten über den Kollimationswinkel der Einstrahlung und der Intensität F_λ unvermeidbar, daß ca. $N_\nu = 2\mu W$ Strahlungsleistung auf die cäsiumbedeckte Meßelektrode fallen. Bei einem hochangenommenen Quantenwirkungsgrad von $Q = 0,1$ errechnet sich der Fotoemissionsstrom zu

$$I = \frac{e}{h\nu} \cdot N_\nu \cdot Q = 50 \ nA, \tag{20}$$

der das Meßergebnis nicht stark beeinflussen kann.

Die Aufnahme der Strom-Spannungscharakteristik erfolgte mit einem X-Y-Schreiber (Philips PM 8120), dessen X-Eingang direkt an die Meßspannung und dessen Y-Eingang parallel zu einem im Stromkreis liegenden Widerstand von $R = 550 \ \Omega$ angeschlossen war. Der wirksame Meßwiderstand ergibt sich allerdings aus der Parallelschaltung von R mit dem Widerstand der cäsiumbedeckten Isolatoren in der Kammer. Dadurch war der wirksame Meßwiderstand Schwankungen unterworfen. Während der Versuche wurden daher bei der Aufnahme einer jeden Charakteristik von einer Stromquelle Ströme bekannter Größe in den Meßkreis geleitet. Die dadurch hervorgerufenen Ausschläge des Schreibers wurden zur Eichung des Y-Kanals benutzt.

Eine direkte Information über den Absorptionskoeffizienten des Cs-Plasmas erhält man mit einer Versuchsanordnung nach Abb. 8, die mit der ersten Version der Saphirfenster in geklebter Ausführung (Kleber: Siliconharz SR 82 von General Electric) ausprobiert worden ist. Mangelnde chemische Beständigkeit des Siliconharzes und Streulichteinflüsse führten zu dem in Abb. 9 gezeigten Aufbau. Spiegel und Saphirfenster waren nicht exakt parallel und deren Oberflächen riefen daher räumlich trennbare Brennpunkte des reflektierten Lichtes hervor. Der dort befindliche Umlenkspiegel leitet nur solches Licht zum Strahlungsempfänger, das die Fotoionisationskammer einmal durchdringt. Strahlungsempfänger war eine Vakuumfotozelle (EMI 6256 S Multiplier, dessen Katodenstrom direkt gemessen wurde), die über einen Impedanzwandler (Keithley 610 B) auf den Polycomb-Punktschreiber wirkte. Bei den letzten Versuchen war die Fotoionisationskammer mit einem Kapazitätsmanometer zur direkten Cs-Druckmessung ausgestattet, so daß Ungenauigkeiten, die durch die indirekte Druckbestimmung über die Cs-Badtemperatur und die Dampfdruckkurve bedingt waren, vermieden werden konnten. Das Manometer mußte unmittelbar vor jedem Versuch unter gleichen thermischen Bedingungen geeicht werden.

Ergebnisse und Diskussion

Die numerisch ermittelten globalen Strom-Spannungscharakteristiken der Fotoionisationskammer zeigten gegenüber Schätzwerten der Ladungsträgerproduktionsraten N_p und des Verhältnisses Elektronen- zu Ionentemperatur $\tau = T_e/T_i$ eine große Empfindlichkeit. Erwartungsgemäß beeinflußte N_p die Sättigungsströme bei stark positiv bzw. negativ vorgespannter innerer Elektrode, während τ auf die Steilheit im Nulldurchgang wirkt. Dagegen erwiesen sich die Charakteristiken gegenüber Variationen des Ionen-Diffusionskoeffizienten so unempfindlich, daß eine Bestimmung von D_i auf diesem Wege nicht sinnvoll ist. Die Abb. 10 zeigt den Sachverhalt deutlich. Obwohl bei sonst konstant gehaltenen $N_p = 6,6 \cdot 10^{10}$ cm^{-1}s^{-1} und $\delta = D_i/D_e = 0,004$ der Diffusionskoeffizient D_i von 1,9 - 30 cm^2/s verändert wurde, ist nur ein sehr geringer Einfluß von D_i zu sehen. Der Wert von D_i nach den Gl. (16) und (18) würde bei ungefähr 4 cm^2/s liegen.

Zu jedem Punkt der Charakteristik liefert die Theorie Ortsfunktionen der Ladungsträgerdichten N_i, N_e und die elektrische Feldstärke. Diese inneren Ergebnisgrößen hängen dagegen empfindlich vom Quotienten N_p/D_i ab [2]. Daher kann bei bekannter Ladungsträgerproduktionsrate durch experimentelle Bestimmung der inneren Ergebnisgrößen eine Aussage über den Ionen-Diffusionskoeffizienten gewonnen werden; z. B. mit Hilfe von Sonden, deren Theorie für Plasmen, die die Ungleichung (1) erfüllen, von Cohen [5] aufgestellt worden ist. Die Anlage ist aber z. Z. mit einer derartigen Zusatzausrüstung nicht versehen.

Bei den Experimenten stellte sich heraus, daß die Sättigungsströme der Charakteristiken wesentlich größer als die vorhergesagten waren. Das konnte jedoch nicht seine Ursache in der Annahme falscher Ionisationsquerschnitte σ haben, da die Sättigungsströme mit steigender Cs-Dichte fielen und erst bei relativ hoher Dichte in die Größenordnung der vorhergesagten

Werte kamen. Abb. 11 zeigt einen Vergleich gerechneter mit
gemessenen Charakteristiken bei hoher Cs-Dichte. Eine befrie-
digende Erklärung kann z. Z. für dieses Verhalten der Fotoionisationskammer nicht gegeben werden, besonders da eine Bei-
mischung von 1 atm reinen Heliums (99,995 %) zum Cs-Plasma
die Verhältnisse nicht wesentlich verändert hat. Bei diesen
letzten Versuchen betrug die mittlere freie Weglänge der Elektronen $\lambda_e = 5 \cdot 10^{-5}$ cm, so daß Stoßionisationen nach Ener-
gieaufnahme durch das elektrische Feld (< 10 V/cm in der
Raumladungsgrenzschicht) praktisch ausfällt. Die He-Beimischung
bewirkte außerdem eine Senkung der Elektronentemperatur und
eine Nivellierung derselben entsprechend der 2. Annahme.

Die Proportionalität der Ströme zur Strahlungsleistung F_{λ_0}
blieb in allen Fällen gewahrt.

Eine erste direkte Bestimmung des Absorptionskoeffizienten
nach dem Verhalten der Abb. 8 schien den σ-Wert von Gl. (15)
zu bestätigen. Es wurde die Cs-Dampftemperatur auf ca. 400°C
konstant gehalten, während die Cs-Badtemperatur langsam von
200°C bis 400°C angehoben wurde. Den Katodenstrom zeigte ein
Elektrometer (Keithley 610 B) direkt an. Nach ca. 30 min Ver-
suchsdauer, bei einer Cs-Badtemperatur von 280°C ($\hat{=}$ 1,2 Torr
Cs-Druck), begann plötzlich eine starke Erblindung der ge-
klebten Saphirfenster infolge niedergeschlagener Reaktionsprodukte des Cäsiums mit dem Siliconharz. Die Abb. 12 zeigt
das Versuchsergebnis. Die festgestellte Absorption der Strahlung vor dem Erblinden führte unter der Annahme, daß sich
der Cs-Dampfdruck auch entsprechend der Cs-Badtemperatur voll
aufgebaut hat, zu dem angegebenen σ.

Wie spätere Versuche (Aufbau nach Abb. 9) aber gezeigt haben,
kann man nicht sicher annehmen, ob sich der Cs-Dampfdruck
auch tatsächlich einstellt, und es ist eine Beschlagung des
Saphirfensters sowie des Spiegels in der Kammer von Anfang
an möglich. Deshalb ist auch den alten Ergebnissen [3, 4]
eine große Ungenauigkeit zuzuschreiben, besonders da in [3]
nicht resistente Quarzfenster benutzt worden sind und in [4]
über räumlich unterschiedliche Cs-Dichten integriert werden
mußte.

Die hier beschriebene Anlage war mit einer Öl-Diffusionspumpe
mit einer Düsenhut- und zwei Schalendampfsperren ausgerüstet.
Weder eine Tieftemperaturkühlfalle noch eine Hg-Diffusions-
pumpe standen zur Verfügung. Daher betrug der Partialdruck
des Siliconöls einige 10^{-8} Torr. Dies führte oft während der
15 bis 20-stündigen Ausheizperioden (400°C) zu Belägen auf
dem Saphirfenster und dem Spiegel. Ein kurzes Unterbrechen
des Heizens zwecks Reinigung der optischen Teile mit Essig-
ester und nochmaliges 8-stündiges Heizen waren notwendig. Durch
die langen Heizperioden ist die kombinierte Leck- und Gasungs-
rate des heißen Rezipienten von 10^{-3} Torr l/s auf $< 10^{-4}$ Torr
l/s gesunken. Aus technologischen Gründen konnte die Ausheiztemperatur nicht höher als die eigentliche Versuchstemperatur
gelegt werden. Bei Versuchsbeginn lag der Restgasdruck bei
etwa 10^{-6} Torr und stieg bei ca. 2 l Rezipienteninhalt und
den obigen Gasungsraten bis auf 0,1 Torr während der Versuchszeit an. Der sehr reaktionsfreudige Cs-Dampf hat allerdings eine
starke Getterwirkung, so daß der tatsächliche Restgasdruck während der Versuchszeit erheblich darunter gelegen haben dürfte.

Bei Versuchsbeginn wurde der Rezipient von der Hochvakuum-
leitung durch ein auf Ausheiztemperatur befindliches Edel-
stahlventil abgetrennt und die Cs-Ampulle durch Plattdrücken
des sie umgebenden Cu-Röhrchens aufgebrochen. Aus den simula-
tanen Vielfachschreiberaufzeichnungen des Kapazitätsmanome-
ter- und Fotozellensignals läßt sich für jeden Augenblick
der tatsächliche Druck und die Gesamtabsorption (Fenster,
Spiegel, Cs-Plasma) bestimmen. Dabei ist in beiden Fällen
die Kenntnis des Nullsignals notwendig. Bei der Manometerauf-
zeichnung wurde der geradlinige Verlauf des Signals vor dem
Ampullenbruch extrapoliert und die Fotozelle wurde gechoppt,
so daß der Schreiber Hell- und Dunkelsignal aufzeichnete.
Die Hell-Dunkel-Differenz unmittelbar vor dem Ampullenbruch
wird gleich 100 % gesetzt. Schreibt man die Gesamtabsorption
dem Cs-Plasma zu, so ergaben sich Strahlungswirkungsquer-
schnitte von $\sigma = (3 \text{ bis } 6) \cdot 10^{-19}$ cm^2 in den ersten Minuten der Versuche. Bei längeren Versuchszeiten störte die Fenster- und
Spiegelbeschlagung zu stark, so daß keine weiteren Informa-
tionen über σ erhalten wurden. Der Grund für die Beschlagung
muß auch in der schlechten Beständigkeit des Einschmelzglases
der Stromdurchführungen zu suchen sein.

Aus dem obigen kann geschlossen werden, daß der Strahlungswirkungsquerschnitt der Cs$^+$-Ionen bei 3130 Å nicht über
$3 \cdot 10^{-19}$ cm^2 liegen kann, d. h.

$$\sigma_{3130} \leq 3 \cdot 10^{-19} \text{ cm}^3. \tag{21}$$

Um eine genauere Aussage über den Strahlungwirkungsquerschnitt
zu bekommen, wird aufgrund der bisherigen Erfahrungen vorge-
schlagen, die äußere Elektrode in mehrere Meßelektroden zu un-
terteilen, den Spiegel in der Kammer fortzulassen und aufgrund der Linearität zwischen der Strahlungsenergie und den
gemessenen Strömen nur das Verhältnis der von den Meßelektroden stammenden Strömen auszuwerten. Durch reine Plasmaabsorp-
tion nimmt die Strahlungsleistung in den Bereichen der einzel-
nen hintereinander liegenden Meßelektroden ab, was zur ge-
wünschten Information über σ führt.

<u>Zusammenfassung</u>

Durch die Bewilligung dieses Forschungsvorhabens ist es möglich geworden, eine im Institut vorhandene Fotoionisationskammer mit einem UV-durchlässigen und bis 400°C cäsiumdampf-
beständigen Fenster zu versehen. Fenstermaterial ist ein synthetischer Saphir (a-Al$_2$O$_3$ Einkristall) von 3" Durchmesser,
der über ein geeignetes Glaslot und einen Vacon-70-Ring in
ein Edelstahlflansch (Conflat NW 100) eingeschweißt ist. Dadurch ist eine unbedingte Voraussetzung zur Erreichung des gesteckten Forschungszieles geschaffen worden.

Man hat es hier mit schwach ionisierten Plasmen hoher Dichte
zu tun, die zu ihrer theoretischen Beschreibung den Kontinuums-
grundgleichungen genügen. Umfangreiche numerische Untersuchun-
gen des Problemkreises ergaben, daß die Bestimmung des Diffusionskoeffizienten für die positiven Ladungsträger nicht aus
der globalen Strom-Spannungscharakteristik der Kammer erfolgen
kann, da die Charakteristik gegenüber Variationen des Diffu-

sionskoeffizienten zu unempfindlich ist. Nur durch einen Vergleich vorhergesagter mit gemessenen Ladungsträgerkonzentrationen innerhalb der Fotoionisationskammer ließe sich der Diffusionskoeffizient bestimmen. Dafür sind zusätzliche z. Z. nicht vorhandene Meßeinrichtungen notwendig.

Für den Strahlungswirkungsquerschnitt konnte eine obere Grenze angegeben werden. Gleichzeitig lehrten die Versuchserfahrungen, daß die bisher in der Fachliteratur gefundenen Angaben über den Strahlungswirkungsquerschnitt des Cs^+-Ions [3, 4] mit großen Unsicherheiten behaftet sein können. Experimentelle Schwierigkeiten entstanden hauptsächlich durch Reaktionen des Cs-Dampfes mit Spuren des Diffusionspumpenöls im Rezipienten und dem Einschmelzglas der Stromdurchführungen. Die Reaktionsprodukte schlugen auch an der Innenseite der Saphirfenster nieder und absorbierten einen unkontrollierbaren Teil der ionisierenden Strahlung. Es wird ein Vorschlag beschrieben, wie mit der jetzigen Versuchsanlage eine genauere Angabe des Wirkungsquerschnittes gemacht werden kann.

<u>Literaturverzeichnis</u>

[1] H. Grönig, Z. Naturforschung <u>25a</u>, 1053 (1970).
[2] G. Linke, Verbesserte Theorie einer zylindrischen Fotoionisatrons-
     kammer hoher Dichte und Experimente mit Cäsiumdampf als Arbeits-
     medium, Dissertation Aachen 1970.
[3] F.L. Mohler, C. Boeckner, J. Res. Natl. Std. 3, 303 (1929).
[4] H.J.J. Braddic, R.W. Ditchburn, Proc. Roy. Soc. A <u>150</u>, 472 (1935).
[5] I.M. Cohen, Phys. Fluids <u>8</u>, 2097 (1965).
[6] P. Wahle, K.G. Müller, Stoßbestimmte Grenzschicht in einem schwach-
     ionisierten Plasma, DLR FB 69-08 (1969).
[7] A. Kröner, Ann. Phys. <u>4/40</u>, 438 (1913).
[8] A.N. Nesmejanov, Vapor Pressure of the Chemical Elements, Amsterdam
     1963.
[9] Y.T. Lee, B.H. Mahan, J. Chem. Phys. <u>43</u>, 2016 (1965).
[10] L.M. Chanin, R.D. Steen, Phys. Rev. <u>136</u> A, 138 (1964).
[11] A.J. Postma, Physica <u>44</u>, 38 (1969).

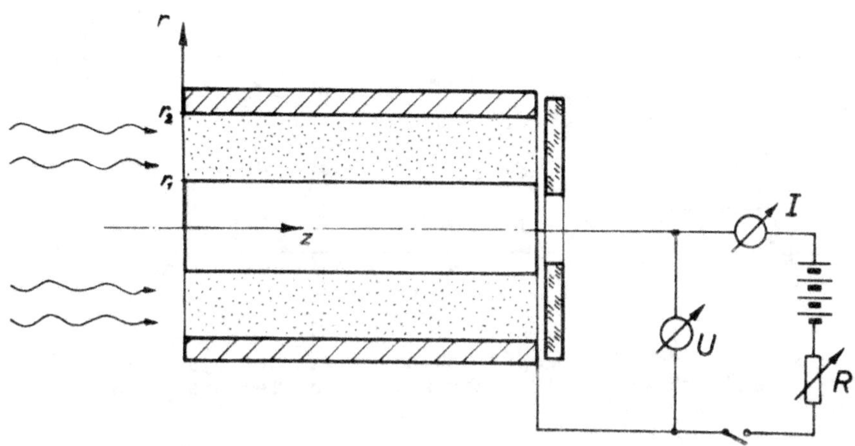

Abb. 1: Prinzipskizze der zylindrischen Fotoionisationskammer

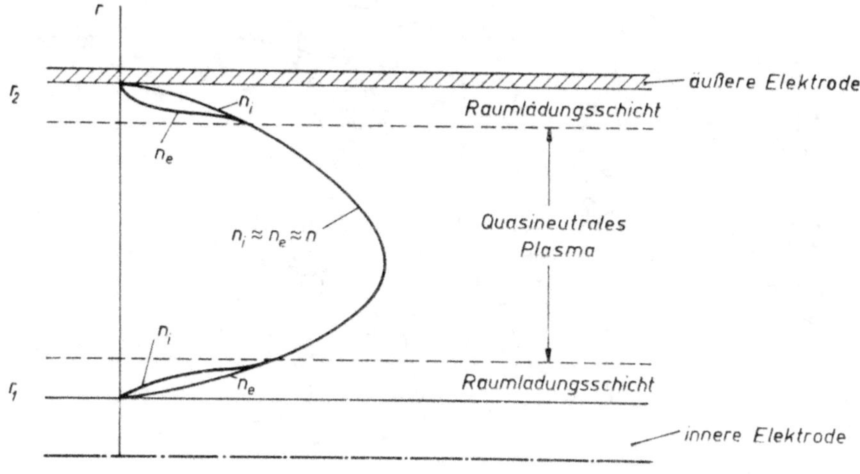

Abb. 2: Qualitativer Verlauf der Teilchendichten von Elektronen und Ionen zwischen den zylindrischen Elektroden

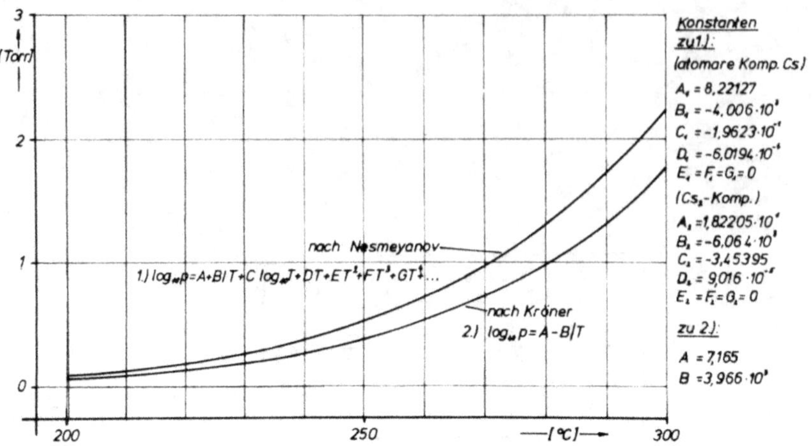

Abb. 3: Vergleich der Dampfdruckkurven von Nesmejanov [8]
und Kröner [7] im interessierenden Temperaturbereich

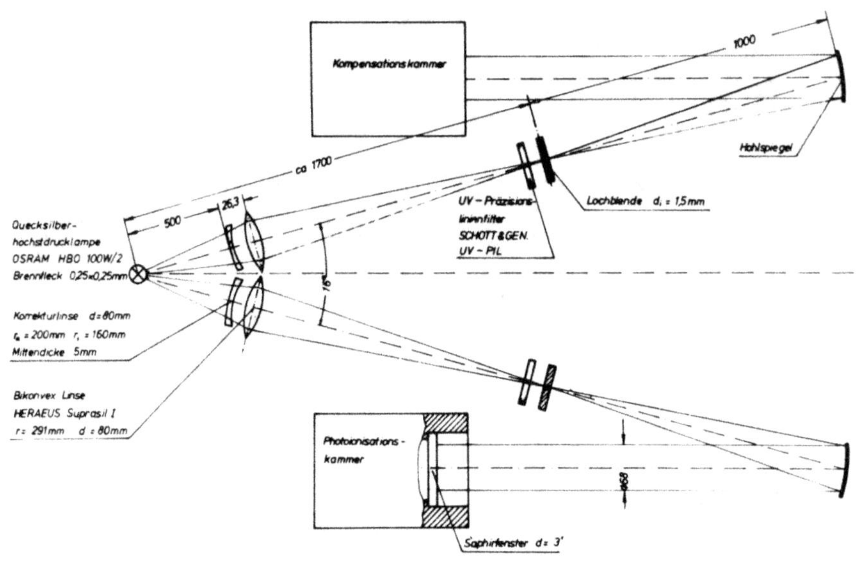

Abb. 4: Prinzipielle Anordnung des Strahlenganges

Abb. 5: Saphirfenster mit Conflat-Flansch NW 100

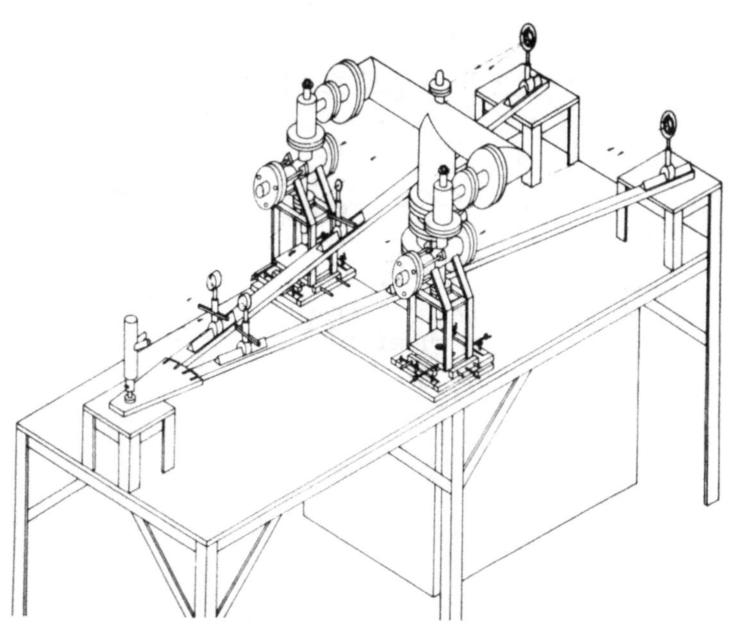

Abb. 6: Schematische Darstellung der Gesamtanlage

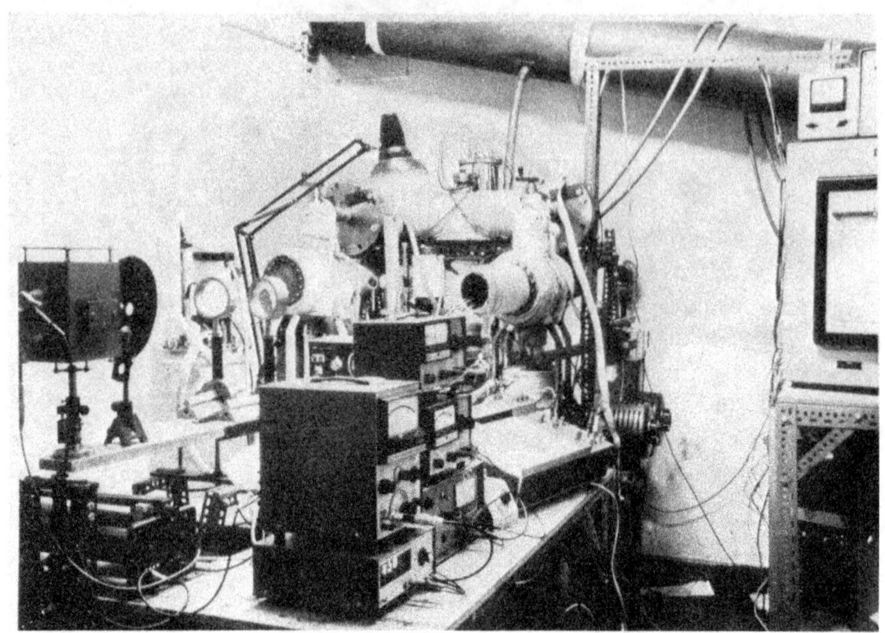

Abb. 7: Gesamtansicht der Anlage mit Meßgeräten

Schema der Absorptionsmessungen

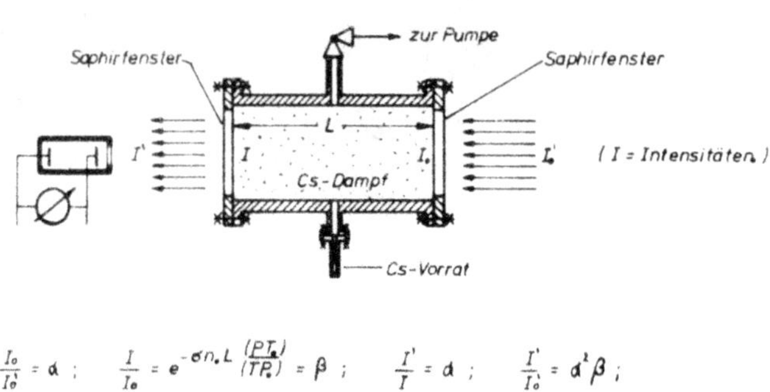

$$\frac{I_0}{I_0'} = \alpha \; ; \qquad \frac{I}{I_0} = e^{-\sigma n_\bullet L} \frac{(PT_\bullet)}{(TP_\bullet)} = \beta \; ; \qquad \frac{I'}{I} = \alpha \; ; \qquad \frac{I'}{I_0'} = \alpha^2 \beta \; ;$$

$$mit: \quad \sigma = 2 \, 10^{-19} \; ; \quad n = 2{,}69 \, 10^{19} \frac{Atome}{cm^3} \; ; \quad L = 322 \, mm \; ;$$

Abb. 8: Erster Meßaufbau für die Absorptionsmessung

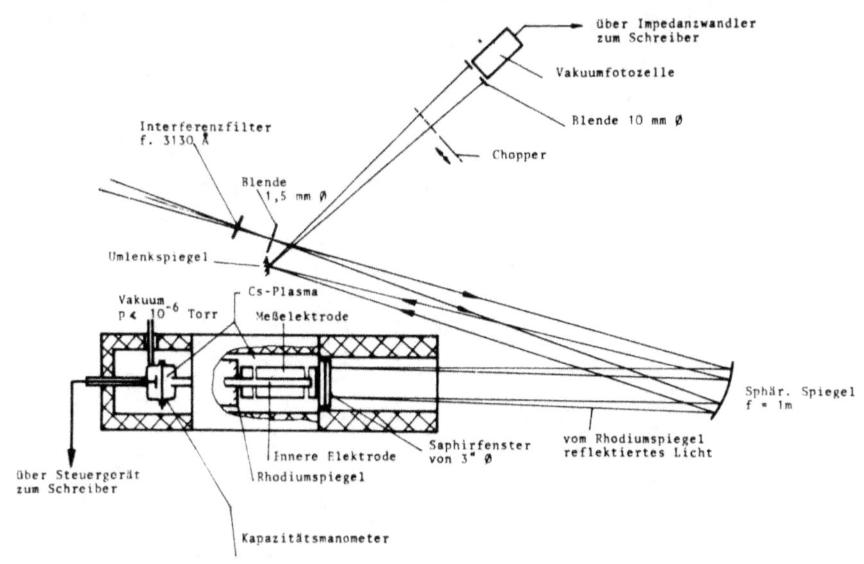

Abb. 9: Späterer Meßaufbau für die Absorptionsmessung

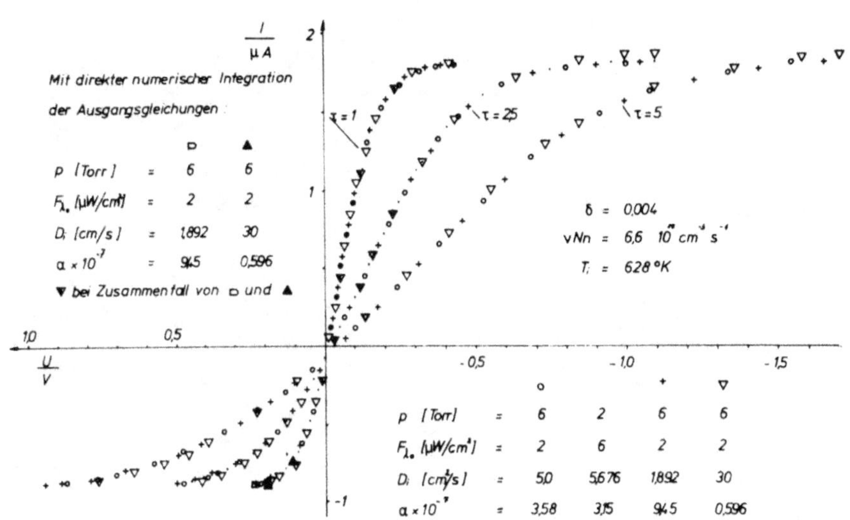

Abb. 10: Charakteristiken konstanter Ladungsträgerproduktionsrate
$N_p = 6,6 \cdot 10^{10}$ cm^{-3}s^{-1} aber unterschiedlicher Einzelparameter

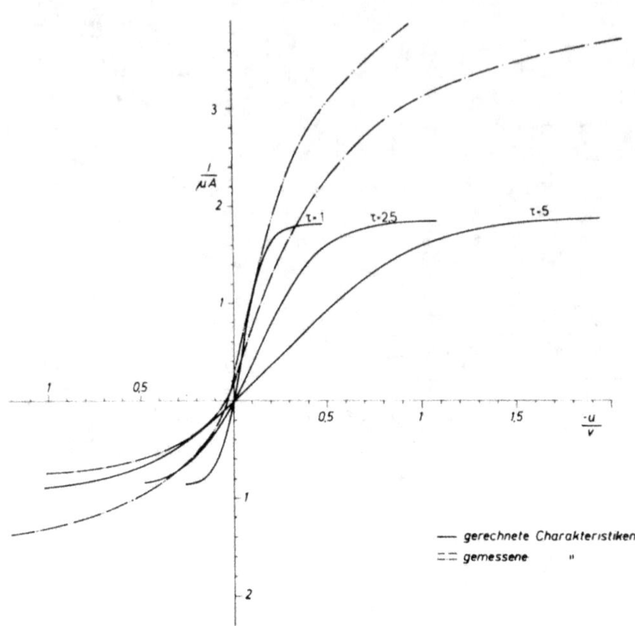

Abb. 11: Gemessene und gerechnete Charakteristiken im Vergleich

Daten: $p = 6$ Torr, $T = 628$ K, $N_p = 6{,}6 \cdot 10^{10}$ cm^{-3}s^{-1}

$F_{\lambda_o} = 2$ μW/cm^2; $D_i/D_e = 0{,}004$; $D_i = 1{,}9$ cm^2/s

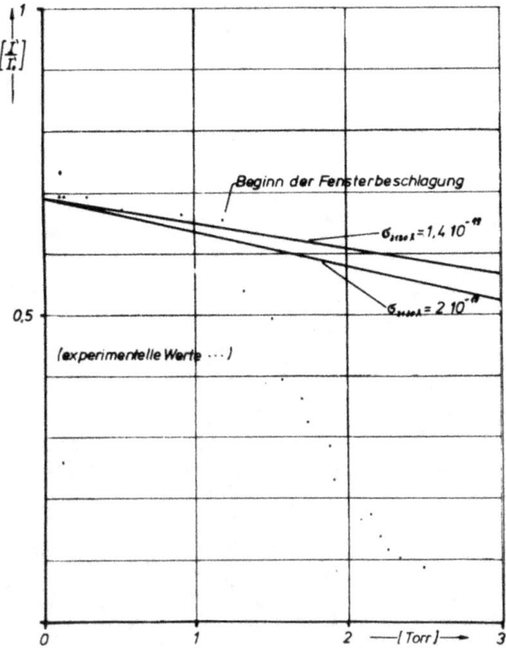

Abb. 12: Gerechnete und gemessene Intensitätsverhältnisse
vor und hinter der Kammer

23

Forschungsberichte des Landes Nordrhein-Westfalen

Herausgegeben im Auftrage des Ministerpräsidenten Heinz Kühn
vom Minister für Wissenschaft und Forschung Johannes Rau

Sachgruppenverzeichnis

Gaswirtschaft

Gas economy
Gaz
Gas
Газовое хозяйство

Holzbearbeitung

Wood working
Travail du bois
Trabajo de la madera
Деревообработка

Hüttenwesen · Werkstoffkunde

Metallurgy · Materials research
Métallurgie · Matériaux
Metalurgia · Materiales
Металлургия и материаловедение

Kunststoffe

Plastics
Plastiques
Plásticos
Пластмассы

Luftfahrt · Flugwissenschaft

Aeronautics · Aviation
Aéronautique · Aviation
Aeronáutica · Aviación
Авиация

Luftreinhaltung

Air-cleaning
Purification de l'air
Purificación del aire
Очищение воздуха

Maschinenbau

Machinery
Construction mécanique
Construcción de máquinas
Машиностроительство

Mathematik

Mathematics
Mathématiques
Matemáticas
Математика

Medizin · Pharmakologie

Medicine · Pharmacology
Médecine · Pharmacologie
Medicina · Farmacología
Медицина и фармакология

NE-Metalle

Non-ferrous metal
Metal non ferreux
Metal no ferroso
Цветные металлы

Physik

Physics
Physique
Física
Физика

Rationalisierung

Rationalizing
Rationalisation
Racionalización
Рационализация

Schall · Ultraschall

Sound · Ultrasonics
Son · Ultra-son
Sonido · Ultrasónico
Звук и ультразвук

Schiffahrt

Navigation
Navigation
Navegación
Судоходство

Textilforschung

Textile research
Textiles
Textil
Вопросы текстильной промышленности

Turbinen

Turbines
Turbines
Turbinas
Турбины

Verkehr

Traffic
Trafic
Tráfico
Транспорт

Wirtschaftswissenschaften

Political economy
Economie politique
Ciencias económicas
Экономические науки

Einzelverzeichnis der Sachgruppen bitte anfordern

Westdeutscher Verlag · Opladen

567 Opladen/Rhld., Ophovener Straße 1–3, Postfach 1620

GPSR Compliance
The European Union's (EU) General Product Safety Regulation (GPSR) is a set
of rules that requires consumer products to be safe and our obligations to
ensure this.

If you have any concerns about our products, you can contact us on

ProductSafety@springernature.com

In case Publisher is established outside the EU, the EU authorized
representative is:

Springer Nature Customer Service Center GmbH
Europaplatz 3
69115 Heidelberg, Germany

www.ingramcontent.com/pod-product-compliance
Lightning Source LLC
LaVergne TN
LVHW080603200726
843510LV00004B/1006